酢浆草

酢浆草是常见的野草之一，不论在郊外、路旁或自家花园里，都有它的身影。它的生命力很强，容易生长，在花园或花盆里种上小小一片，也很漂亮呢！

一般常见的酢浆草有两种：红花酢浆草和黄花酢浆草。以下提供几点带孩子进行观察的方向。

红花酢浆草

1. 叶子具有长柄，由3片倒心形的小叶组成，呈丛生状。

2. 通常在春、夏之际，会开粉红色或紫红色的小花，花瓣有5片，每片上都有清楚的白色脉纹，观察的时候，可以和孩子一起仔细数数看脉纹共有几条。

3. 在花心，可以看到10枚雄蕊——5长5短——和1枚雌蕊，但是雌蕊只开花，并不结果。

4. 把土挖开，会看到肥大的主根和颗粒状的鳞茎，把鳞茎带回去，就可以自行种植。

5. 到了晚上，倒心形的小叶会自动垂下，进行“睡眠运动”。

黄花酢浆草

1. 叶子具有长柄，同样由3片倒心形的小叶组成，不过，比红花酢浆草小一些。

2. 几乎四季都会开黄色的小花，有5片花瓣及10枚雄蕊。

3. 花谢以后会结成蒴果，蒴果外形近圆柱形，成熟后果皮裂开，种子从里面弹出，种子上还有斑纹。

4. 拨开丛生的叶子，会看到匍匐在地上的茎，四处盘旋、蔓延，总是整片长在一起。

5. 到了夜晚或阴天没有光照时，叶片就会自动闭合。

红花酢浆草

黄花酢浆草

蚊子吹牛皮

文／李春华

《蚊子吹牛皮》这首儿歌，好像一则有声的连环漫画。背景部分——树丛里（响棒与碰钟的声音出现）；主角：两只爱吹牛的蚊子，它们互相吹嘘着，说着说着，小蚊子竟说可吞下一头鲸（摇铃声出现）。这时蜻蜓飞过来（三角铁的声音出现），不声不响地把它们吞到了肚子里去（钹声出现）。

以上所解说的乐器，都是没有旋律的打击乐器，感觉就好像在做音效，而主旋律则由木笛演奏。从树丛里到吃头鲸，吹奏的速度为稍快板，当蜻蜓出现，速度变为行板再渐慢结束。

父母可用家里现成的东西来做音效，如用两把汤勺（或木棍）互敲来表现吃鲸的效果，用铅笔敲金属锅盖（或金属容器的边缘）来表现蜻蜓吞下蚊子的效果。父母可以和孩子再找找看，还有哪些东西可制造出音效。

面粉的秘密和价值

文 / 林丽真

认识面筋

《猫耳朵面食》一书中的“科普故事馆”单元，让我们对面粉有了更进一步的认识。我们通常所说的面粉指的是小麦粉。有别于其他粉类，小麦粉含有的一些特别的蛋白质种类，会在与水结合后，在外力的作用下产生“面筋”。

面粉中所含相关蛋白质越多，与水结合后所能产生的面筋也就越多。根据面粉的蛋白质含量不同，面粉一般被分为低筋、中筋、高筋 3 种。我们日常生活中最常用的是中筋面粉，可以用来做饺子、面条等面食。它的蛋白质含量一般在 9%~12% 左右。

什么是冷水面团

面粉加水可揉成团，究竟要加多少水才刚好呢？中筋面粉平均吸水率约在 50%~55%。因此，我们只需记住，不论采用何种容器，只要取 3 份面粉加 1 份水，就可揉成软硬适中的面团。在和面的时候，如果加入的是 30℃以下的水，不会引起蛋白质的变性，淀粉也没有化开，得到的面团便是冷水面团。

冷水面团常用来做面条、馄饨等面食。这类面食常需要经过充分的烹饪，煮熟后才可食用。

有趣的猫耳朵

猫耳朵是我国北方特有的家常面食之一，住在山西、陕西一带的人们，常在闲暇时间聚在一起，一边闲话家常，一边用手捏起一个个小面团，捻成一个个的小卷，放在一个大竹箩筐内。

从家庭的角度来看，当家人团聚围坐桌边时，一起动手做这道猫耳朵面食，不仅能让孩子享受到自己动手的满足感，更能感受到家人间浓浓的亲情。从生理角度来看，不时地动动手指，有助于幼儿脑部的发育，对于年长者，也可预防多种老年疾病。

对了，捻好的猫耳朵，要撒些干面粉才不会粘在一起，滚水中加少许盐来煮，会让猫耳朵吃来更有嚼劲。猫耳朵下锅后煮至浮起，就可以捞出，放入牛肉汤或红豆汤中直接吃；也可以沥干后拌点油，和各种配料一起炒或烩。每一种料理方式均别具风味，可以根据个人口味进行变化。

从比较轻重谈孩子的推理能力

文 / 许玲慧

我们通常用眼睛就可以对物体的大小、长短、粗细做出大致的判断。但是，物体的轻重却很难从外观上看出来。所以口头为孩子讲解如何比较轻重，孩子通常很难理解，他们往往需要亲自感受，才能慢慢体会重量上的差异。

如果手头没有称重的工具，小朋友们要如何比轻重呢？让我们一起看看下面的方法吧。

两样东西比轻重

◆**取两样小东西，用手掂掂看：**让孩子闭眼去感受，因为当闭起双眼时，注意力较集中。常让孩子做这样的游戏，可以锻炼孩子的注意力，提高感觉的敏锐度。

◆**较大的东西，用手提提看：**如一小桶水和一小桶沙，用手提起来去感受重量，再进行比较。

三样东西比轻重

要比较三样东西的轻重，可以先两两进行比较后，再来判断三样东西之间的轻重关系。

先引导孩子把较重的放在左边，轻的放在右边，当两两比较后，三者的关系自然呈现。如：橡皮擦、尺子、订书机，用双手比轻重，得知橡皮擦比尺子重，订书机也比尺子重，而订书机又比橡皮擦重。所以，把重的放左边，轻的放右边，得知订书机最重，橡皮擦次之，尺子最轻。当孩子还不具备思考、推理的能力时，家长可以用这样的方法来引导孩子进行推理。

对幼小的孩子而言，可以从较具体的事物入手。如：⁚比•多，∴比⁚多，所以∴比•多，也可以利用实物来让孩子实际操作，如棋子、扣子等。

对年纪稍长一些的孩子来说，可以在孩子思考能力范围之内利用抽象的事物进行比较。例如小明是小华的哥哥，是小英的弟弟，所以小英比小明大、比小华大。

推理需要先明白两者之间的关系，才能进一步判断三者之间的关系。对幼儿而言，明白两者的关系是一道重要关卡。培养孩子判断、推理的能力，需要一定的时间和父母的耐心。

◆**小编说：**

除了可以用提一提、掂一掂的方法。我们还可以借助一些简单的工具，来帮助判断物品重量。

比如当给球体或者圆柱体等形状的物品比轻重的时候，可以寻找合适的斜坡，让物品滚下；更沉的物品滚落的也就更快些。

相信小朋友们通过观察生活中常见的事物规律，时常问一问，想一想，一定会发现更多解决问题的好方法。

面食真好吃

文 / 郭芳玲

这是一首节奏轻快的儿歌，前奏以简单的低音、半音的方式带出。在前奏结束时，用渐慢的形式导入唱词，让小朋友们练习从前奏开始就用身体感受音乐，并调整呼吸准备演唱。“准备”对演唱者和演奏者都是一项重要的工作，而呼吸则是最基本的步骤。

全曲以马林巴木琴演奏主旋律及伴奏。马林巴木琴可以很好地演奏出乐曲轻快的节奏。左手的伴奏形式，主要是停留在同一和弦，这样以半音为经过音就不至于出现呆板的感觉。而主旋律是以固定的节奏音型出现，对小朋友们来说，掌握起来也不会太难。如果小朋友觉得这首儿歌的速度太快，不好学习，可先试着放慢速度，等到熟悉以后，再慢慢加速。

特稿

爱护环境

文 / 林淑英

将垃圾分类处理，是爱护环境的具体表现。例如：将废纸回收再利用，就能大大减少树木的砍伐；铝罐、铁罐、玻璃的生产需要耗费大量的电和石油资源，如果能回收利用，不仅能节省资源，还能减少污染。

塑料瓶、易拉罐等容器造型各异，堆积在一起又很占空间，还不易腐化；燃烧又会产生毒气。因此最好的方法就是回收再利用。

此外，我们若能做好资源回收，还可以减少垃圾量，进而有效延长垃圾场的寿命。资源回收真的是好处多多。

我们平时在家中就可以进行资源回收。准备一个干净的纸盒，将所有可以回收的纸张都放在盒里，积攒到一定量的时候再一起打包，和旧的书报杂志一起交给废品回收人员。另外，在厨房的洗涤槽上放一个网架，空的瓶罐洗干净后搁在架上晾干，然后收集起来，再扔到小区的分类垃圾桶。其他金属、玻璃、塑料产品，请都分类整理好，再丢进分类垃圾桶。

除了回收，减少垃圾的制造更是重要的课题。我们可以准备大型购物袋，或将使用过的塑料袋折叠整齐随身携带，如此一来，买东西时

就不用再浪费新的塑料袋了；买菜时，同类的食物集中在一个袋子里，可以少用许多塑料袋。当然，自备购物袋是最理想的。

孩子参加校外活动时，将准备的饭团或海苔寿司装在饭盒内；如果带面包或三明治，也可以用饭盒装，既不会压扁，也能避免使用塑料袋；加上一盒新鲜水果、一瓶热水，不带其他零食，不仅营养，还可以减少垃圾，避免污染环境。

请尽量用金属制的饭盒、杯子来装食物或饮料，避免使用塑料袋和一次性餐盒，这样不仅减少污染，也更健康。

采购衣物时，选择天然的棉、麻、毛、丝等织品；袜子尽量买同款同色的，这样就算一只破了，另一只也可以与剩下的袜子搭配来穿。

小件衣物尽量用肥皂手洗。旧衣服可剪成小片，用盒子装好放在厨房，用来擦洗灶台或者地板的油渍。这样，家中流出的液体垃圾油污较少，对自然资源的污染影响也会变少一些。

如果想要给孩子更好的生活环境，保护环境就变得十分重要，我们可以从日常小事做起，让日益恶化的生态环境因大家的努力而渐渐得到改善。

换东西——除法的概念

文 / 许玲慧

10 元可以买 5 个本子或者 4 个橡皮擦，也可以买到 10 颗糖果，这是因为东西本身的价值不同，所以同样的金额所能换取的东西个数就有所不同，这也使得交易变得更多样、更有趣。在交易的过程中，包含了人际间的沟通、价值观的判断，以及除法的概念。在孩子成长的过程中，这些学习和体会是必不可少的环节，有助于他们在未来更好地适应社会生活。

本单元“IQ 锦囊”旨在加强孩子对除法概念的理解。当然，对学龄前儿童而言，思考能力和实际操作能力，比会运用算术公式运算来得重要且实际，所以建议别以算术公式来教孩子乘除，而是从具体、可以实际比较的东西开始：

1. 一对一对应。一个碗配一双筷子；一个客人一杯果汁；一个人一本书等。

2. 一对多对应。

发扑克牌

52 张扑克牌分成 2 份、3 份、4 份……让孩子分别数数看每份有几张。对年纪较小的孩子，可以只取 10 张来分，根据孩子的能力增加分发的张数。

分配硬币

1 个 1 元硬币对应 2 个 5 角硬币，或对应 10 个 1 角硬币。

⑩　⑤⑤　①①①①①①①①①①

熟悉上述概念后，可再进一步进行较抽象的分配游戏：

1. 买东西。自制小纸卡，并准备一些小玩具，规定几张小纸卡能换哪种玩具。

A	B	C	D	E
4 张	5 张	2 张	3 张	1 张

算算看，10 张小纸卡能换哪几样玩具？

（ABE、BCD 或 ACDE 等）。

2. 在纸上画一画。在纸上画一些物品，给它们设定不同的价值，根据等价交换的数量不同，圈出对应的个数。这样可以让孩子们更直观地感受到不同数量相同价值的概念。

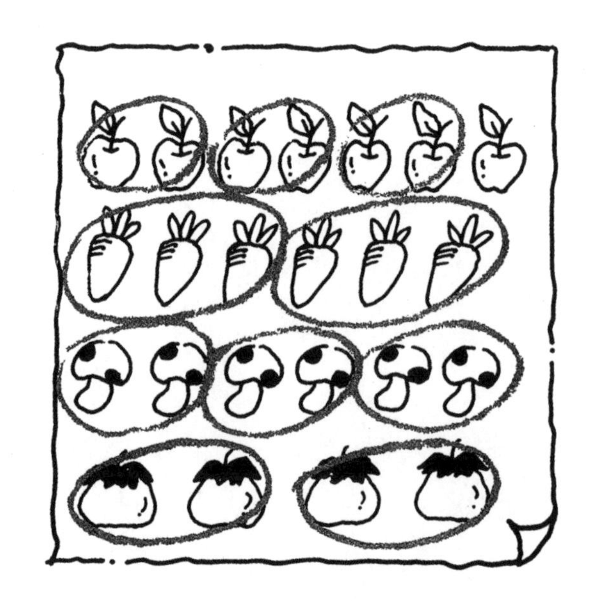

小榕叶

文 / 李春华

在这首儿歌中，作者选用了两种不同的节奏，一种为 2/4 拍，另一种为 6/8 拍。

2/4 拍的意思是以四分音符为 1 拍，每小节为 2 拍，也就是说，四分音符当成 1 拍，而八分音符是半拍，二分音符就变成 2 拍了。

6/8 拍是八分音符为 1 拍，每小节为 6 拍。所以，八分音符当成 1 拍，四分音符则成 2 拍，附点四分音符是四分音符加八分音符，就变成 3 拍了。

家长和小朋友唱儿歌或念童谣时，可以比较看看这两种节奏带来的感觉有什么不一样。

主题故事 我会帮忙做家务

一个人的能力大小不是与生俱来的，而是后天锻炼而成的。换句话说，有机会不断地去经历，能力自然会得到提升。下面来看一则笑话：

爸爸对着孩子说："你看，那个有名的人，他小时候家里很穷，除了念书，还要帮忙做家务、赚钱。现在，家里的事你都不用操心了，应该要更好好地努力用功，将来才会有出息。"没想到孩子哭了，爸爸问他为什么哭，孩子说："我们家为什么不是很穷呢？这样我就没有机会变成有名的人了！"

其实，一个人能不能有出息，并不在于家庭背景是否优渥，而在于生活阅历是否"优渥"，孩子是否在现实生活中真实地生活，亲自实践，运用身体去体验、感受过万物。更具体地说，过去穷苦的生活，妈妈在忙碌，弟弟妹妹们哭了，哥哥姐姐自然要负责去哄小孩，刚开始也许做不好，可是，日子久了，哥哥姐姐也能分辨出弟弟妹妹为什么哭，也知道用什么方法逗弟弟妹妹开心；自己肚子饿了，妈妈又没有回来，可能就得要自己准备东西吃，甚至为家里人准备饭菜；衣服晒在外面，下雨了，经验告诉他们，如果不赶快收进屋里，衣服湿了，没衣服换，还会让妈妈更辛苦，也会挨骂；学校的功课没有写完，第二天没法按时上交，所以除了做家务外，自己还要找时间尽快完成……这些点点滴滴，只有在现实生活中才学得会，才能有深刻的体验。而现在家务变得越来越简单，很多事情也被智能家电代劳，无形中，孩子动手的机会减少了，再加上大人觉得自己做比较快，让孩子去玩玩具、看书比较有"收获"，殊不知因小失大。其实，让孩子在家多做事，有很多的好处。比如：

1. 学会做事的技巧。 例如：收拾抽屉，如果真能整理干净、整齐，无形中便学会了归类；煎蛋的时候，会注意火的大小，炉子很烫要小心，而且也会注意到煎蛋时间的长短和吃起来的口感有关；洗东西的时候，如何不打湿衣袖；如何把碗筷收拾得又快又好；衣服怎么叠，怎么分类……做每一件家务，都能学到某些技巧，就算杂乱无章，也会懂得思考"这么乱，是否有更好的方法"，那么，再用点心去观摩别人怎么做，一定会有所得。

2. 培养责任感。家务是家中每个成员的责任，当孩子完成家务，适当地予以鼓励，孩子会越做越起劲，渐渐不把家务当成工作，而是随手完成的事情。孩子自己完成的事越多，越有责任感。

3. 学会自己照顾自己。对于即将要住校或留学的孩子，家长往往要操心很多的生活杂事。家长总是会担心孩子照顾不好自己，甚至担心他们基本的衣食住行都可能会遇到困难。这就是从小缺乏锻炼和生活历练所造成的后果。

4. 培养有条理的思维。做任何事情都不只有一个方法，而且很多时候，其实除了常见的解决方案，在反复不断做的过程中，也许会想出更好的解决方法。例如：洗碗时，水龙头不要开太大，才不会溅得到处都是水；叠衣服时，先铺平，拉肩膀的地方和左右两边衣角，效果不一样，怎样做更好呢？做做看就知道了。再例如，有几件家务要在出去玩之前完成，先做哪件比较好呢？哪两件可以合并在一起做呢？这些都是唯有亲身经历过，才知道如何找到更好解决方案的事情。

在《我会帮忙做家务》这本书的“科普故事馆”单元里，就提到了一些常见的、孩子可以做的家务。父母可以和孩子一起讨论：平日有没有做家务？做的方法好不好？最重要的是，有没有每天持续做，分担大人的辛劳？记得，用什么方法并不重要，只要做得用心，就该予以鼓励；就算做得不好，也不用担心，予以鼓励，再引导他们改进，毕竟，孩子为了尽早把事情完成，大概率会接受更省力的方法。

要孩子学会做家务并不难，坚持每天去做，才是最不容易的事。依赖父母每天提醒去做家务的效果并不好，一旦父母不提醒，孩子就会中断家务劳动。所以要让孩子主动承担家务，做家务这件事才不会在心理上成为孩子的负担。运用表格做记录是很好的方法，和孩子约定，每做完一件家务，可以盖一个章或贴贴纸，累积到一定数量，又可以得到其他的奖励。当然，孩子的学习能力根据年龄的不同也会有所不同，不能要求孩子一次性学会所有的家务。刚开始时最好让孩子从简单的事情做起，例如：叠衣服、叠被子、买菜、择菜等，父母在干活时可以邀孩子来参与，分配一些他们力所能及的事情，而且一边做，一边说明方法。学龄前的孩子往往十分好奇，他们乐于尝试并参与到各种事情中去。一旦他们掌握了某项家务的方法，我们可以使用表格或奖励的方式，让他们持续地完成，并且逐渐养成习惯。这种培养习惯的方式不仅可以让孩子的动手能力逐渐提高，也可以让他们学会更多家务技能。让孩子从3岁开始就承担一些家务，到了6岁入小学前，学会的生活技巧和具备的能力，就足以让他们在小学生活里好好地照顾自己了。

另外，在让孩子做家务这件事上，也可以请老师帮忙。幼儿园里老师也会教小朋友做家务，除此之外，老师也可以要求孩子："小朋友每天回家要做一件家务！"孩子一般都很在意老师让做的事情，一定会好好完成。有了老师的鼓励，再加上父母适时地予以奖励，孩子会把做家务当成一件快乐的事，甚至是一件非做不可的事。这样锻炼下来，我们至少可以相信，就算孩子们长大以后没有什么大的成就，也将会成为一个有生活能力、可以照顾好自己的人。

要让孩子学会生活，必须让他们在实际生活中学习。离开现实生活，仅仅进行机械式的训练并不能让孩子真正理解生活的内涵，当遇到真正的问题时，他们仍有可能无从下手。

从小处做起

在商店买东西

文／蔡依如　图／林智祥

小小叮咛：

- 出门前先想好要买的商品，并列出清单，准备足够的钱和购物袋。
- 如果找不到要买的商品，可以请店员帮忙。
- 购买冷藏柜中的商品时，先选择好再开柜门。
- 需要热水或使用微波炉时，请店员协助。
- 结账时要排队，并将物品交给店员刷条形码。

主题故事 暖暖的被子

在冬天，一床暖暖的被子对于一夜好眠是至关重要的。然而，对很多孩子来说，除了在睡眠时使用，被子还是许多孩子的玩具，几乎每个孩子都喜欢玩被子，不是藏到里面就是坐在上面。这是因为躲在被子里既可以满足躲藏的乐趣，也可以享受到被子的温暖，柔软的触感会让孩子感受到舒适和愉悦。

在《暖暖的被子》这本书的“科普故事馆”单元，小朋友们可以看到关于不同种类的被子的介绍，学习到很多相关的科普知识。

常见的被子有棉被、蚕丝被、羽绒被、羊毛被等。这些我们往往从名字就可以直接了解到被子的填充材料：棉被是棉花做成，棉花是棉花果实的絮状果肉；蚕丝被是蚕吐出来的丝做成的；羽绒被是水鸟的羽毛做成的；羊毛被是羊毛做成的。

棉花取自植物，属于短纤维，纤维之间的空隙，能保住身体散发出来的热气，使被子盖起来会有暖和的效果。但是，棉花容易吸收湿气，而且长时间使用后，湿气不容易自动散去，所以，遇到出太阳的日子，被子要拿出去曝晒，使被子保持干爽、蓬松，这样被子盖起来才暖和。蚕丝被是蚕所吐的又细又长的丝做成的，蚕丝被比棉被轻，却有更好的保暖效果，而且透气性很好，盖起来不会有潮湿、闷热的感觉。但是，由于取材与制作过程更复杂，蚕丝被的价格比棉被贵。羊毛被里面放的是绵羊的毛，绵羊的长毛可以帮助绵羊在冬天抵御寒冷，所以羊毛被的保暖效果和蚕丝被差不多，只不过重量较重。

水鸟是指栖息在水边、以水中生物为主食的鸟类，仔细看鸭和鹅，即使一整天泡在水里，离开水面后，身上的羽毛还是干爽的，而且生活在北方的小鸟还有不怕冷的特性，这全因有羽毛保护的关系。由此可知，水鸟的毛保暖效果也很不错。

水鸟的羽毛有以下特性：

1. 羽毛是鸟类轻而坚韧耐用的外衣，有防风防水的功能，可以保护它们薄而干燥的皮肤。

2. 羽毛具有调节体温的功能，寒冷时羽毛竖立，羽毛间能保留较多的空气，使保温层加厚；而天气热时，羽毛可以放平，便于散出体热。所以利用水鸟身上细柔、保暖、干爽的绒羽做成的羽绒被相当保暖，而且重量较轻、透气性佳、压缩恢复性好，蓬松有弹性，不易变硬。可以说，羽绒被是近年来较受欢迎的被子。

无论哪一种被子，保暖的机制都是来自盖被子的人身上散出来的体热被被子里的空隙包住，不轻易散掉，让盖被子的人感到温暖。但是，若常在被子上践踏、挤压，又不常在太阳下曝晒，使得被子间保暖的纤维空隙减小，或者纤维吸收的湿气增加，被子的保温效果势必丧失，所以，被子必须多多“保养”，才能使被子的使用寿命更长。

曝晒被子除了除湿、保暖外，还有防螨的效果。螨是一种专吃动物皮屑的小动物，肉眼看不见，借由阳光的曝晒，可以除去这些小动物。这些小动物数量较少时，对一般人并无害处，但对于过敏体质的人却容易致病，所以，为了孩子的健康，最好可以经常清洗床单、晒被子。

动动脑 选饼干

比较圆的大小，目测是最直接、最原始的方法，但如果圆的差异不大，无法一眼就看出来，就要利用其他方法。父母可以利用各种机会，如吃饼干，来训练孩子比较圆的大小。刚开始先从差异较大的两个圆开始，渐渐把差异缩小、难度提高，这样趣味也会增强。

如果目测无法得知圆的大小，实际测量也能知道答案，但是怎么量呢？量直径、量周长都是方法，但对孩子来说难度较大，而且即使知道直径和周长，也无法将直径与周长的大小和圆的大小关联起来，所以引导孩子用读本提及的方法去比较圆的大小，再利用绳子量圆周、直径来求证，相信孩子会比较明白：越大的圆，直径和圆周也越长。

生活中可以多让孩子做比较，对比较的结果，孩子往往会印象深刻。更重要的是，让孩子从小从游戏中学习知识，将来课堂上就会学得更轻松自然，学习的效果也会比死记硬背课本知识好得多。

主题故事 菜市场里去寻宝

小孩子常有陪家人去菜市场的机会。父母是否注意到，那正是户外教学的适当时机呢？

菜市场里，可以引起孩子兴趣的东西有很多，比如：绞肉机、刮鱼鳞的刀子、一碰就会把白色的肉缩回去的蛤蜊、不断冒白烟的冷冻柜等。再比如：看到鱼摊上垫着冰块，就可借机告诉孩子，那是没有冰箱保鲜时的变通方法；看到不知名的蔬菜、水果、大鱼、小虾，也可以问问老板："那是什么？怎么吃？在哪里生产的？"只要抱着"不懂就问"的态度，逛菜市场也可以给孩子带来很多意想不到的收获。

当然，唯有纯粹闲逛之时，才能问东问西，如果您肩负全家饮食大事的重任，那么，想必去菜市场就不可能如此轻松愉快，您可能会比较价钱高低、考虑营养均衡，还必须留意这些食物是否含有过多食品添加剂、是否有农药残留、是否受到污染，所以往往必须睁大眼睛、小心选购，很少能保持一颗闲暇的心，和孩子玩逛菜市场的游戏。

当顾客懂得如何挑选安全放心的蔬果时，对不法的商家自然会有迎头痛击的效果。因此，平常多留心相关常识，在挑选时便能够较有心得。

另外也可以通过网络平台，告诉其他人选择安全、卫生食物的重要性，自然就能形成一股力量，让不法商家难以得逞。

以下，提供给大家一些挑选食物的注意事项：

1. 颜色不自然的不可以买。 例如：养在菇床上的洋菇，颜色介于乳白色和乳黄色之间，并非白色。采收之后，由于和空气接触的关系，就变成咖啡色。至于市面上颜色异常洁白的洋菇，则有可能是加了荧光剂的缘故；用食盐腌制的萝卜干，正常情况下是褐色的，并且有特殊香味，如果添加了福尔马林，则呈现较浅的颜色，咸度较低，香味也异常。像这类颜色不自然的食品，应避免购买。

2. 要去除蔬菜上残留的农药，泡在清水里，或是用清水冲洗，是最好的方法。 小黄瓜、苦瓜等不用去皮的蔬菜，可用软毛刷刷洗外皮。要去皮的蔬菜，则最好将皮削厚一点，以去除表皮残留的农药。

3. 尽量选择诚信可靠的商家，可以买到较安全的食物。 此外，选购食品时，应挑选商品标

识较完整的，包括厂牌、商品名称、规格、生产日期、储存方法、配料表、产地、生产商地址与电话等，不仅较有保障，日后即使出了问题，也能根据生产商的电话和地址追究责任。

菜市场是与我们日常生活息息相关的场所，三餐食物的原材料大多来自此处，如果市场售卖的食品能达到卫生安全的标准，相信对我们的健康更有保障。

生活小故事 妈妈不见了

《妈妈不见了》是一个有趣的故事，旨在告诉孩子，如果不小心迷路了，应变的方法是什么。出门在外，在熙熙攘攘的人群里，只要稍不留神，孩子就很容易与父母走散。一旦发生这种情况，孩子是否有足够的应变能力，就有赖于平日的教导了。如果孩子没有事先经过教导，一旦走失，一定会惊惶失措，往往大哭大闹、到处乱跑，增加寻找的困难。所以，我们可以事先教孩子迷路时的处理方法——不要离开原地，也不要哭闹，更不要跟着陌生人到处乱跑，免得被心怀不善的人伤害。

动动手 大船浮起来了

物体在水中的浮与沉主要取决于物体的密度，即其质量与体积的比值。如果这个比值大于水的密度（$1g/cm^3$），则物体会下沉；如果比值小于水的密度，则物体会浮起来。因此，相同体积的纸团和黏土，由于黏土较重，所以黏土会下沉，而纸团会浮在水面上。当重量一定时，如果让物体的体积变大，那么其密度就会变小。因此，把黏土捏成船形放入水中时，由于船形黏土的体积很大而重量没有增加，密度就变小了，所以黏土船能够浮在水面上。简单来说，一个物体能否在水中浮起来，主要取决于它的密度是否小于水，而密度则由物体的重量和体积共同决定。

自然博物馆 猪笼草

猪笼草多产于热带潮湿的地区，种类有七八十种之多。不同种类的猪笼草，叶子和捕虫笼的形状和颜色，也会有所不同，而且形状和颜色之奇特，常令人惊讶不已。

猪笼草属于食虫植物的一种，它们捕虫的目的是为了补充体内不足的氮素。它们生长地区的土壤中普遍缺乏氮素，因此经过长期的演化，发展出了一种特殊的构造——捕虫笼，使氮素多了一个补充的来源。氮素是蛋白质和遗传物质组成中的一个重要元素，对猪笼草来说相当重要。不过，即使抓不到虫吃，猪笼草也不会饿死，因为它有叶绿素，可以进行光合作用，产生能量维持生存。如果你想养一盆猪笼草，适量地浇水非常重要，因为它不怕热，就怕没水喝。如果抓不到虫吃，也不用太担心，只要放在户外晒晒太阳，就可以帮助它吸收养分。

为什么 为什么汤圆煮熟会浮起来

未煮熟的汤圆放入水中，因为体积小，所受重力大于水的浮力，所以会下沉。但是加热之后，因为热胀冷缩的关系，汤圆体积膨胀变大，所受的浮力也因体积大而增加。当浮力大于重力时，汤圆就浮上来了。冷了之后，汤圆体积又缩小，导致浮力变小，所以汤圆又会沉入水中。

生活中这种热胀冷缩的例子很多，煮水饺也是一例，当原本沉入水中的水饺胀鼓鼓地浮出水面时，就表示水饺煮熟，可以起锅了。多观察生活中的各种科学现象，不但可累积生活经验，也可以让孩子吸收各种科学知识。

时间概念

文 / 陈淑琦

小婴儿或一、两岁的孩子很难感受时间的存在。在父母日复一日定时或有规律的照顾下，他们可以感受到与自己切身有关的事件，如：起床、穿衣、吃东西、散步、洗澡等具有时间上的先后顺序，至于做这些事情需要花多少时间，则毫无概念。

不过慢慢地，随着他们的行动、观察力，以及语言能力的增进，他们会发现时序运转所造成的环境变化，如天亮或天黑，也会学着父母说出“今天”这种与时间有关的字词。接下来，孩子会发现，越来越多的生活事件与时序运转是相关的，例如：天亮了、早上、起床、上班；天黑了、晚上、下班、回家、睡觉。不过事件所需的时间长短概念，仍然是模糊的。

所以，当他们逐渐长大，必须和父母一样早起、刷牙、穿衣、吃早餐、出门上幼儿园时，往往会“不顾”父母的“赶时间”而拖拖拉拉。甚至一个快五岁且看得懂电子表的小男孩，还想着要把时间存起来，等一下再用呢！对于这些戴卡通表、提早加入“社会”的“小上班族”，或许几点几分可用来提醒他们“时间到了”，但他们依然对时间没有概念。为了让孩子拥有时间概念，建议父母可以从感受时间的存在与人们作息的关系开始，让孩子了解时间的存在，再逐步教孩子观看计时用的钟面时间。

观察一天的时序

在孩子开始学习自己刷牙、吃饭、穿衣时，可以找一些谈论一天作息的幼儿图画书，和孩子讨论他是什么时候起床的，起床后会做哪些事、怎么做。如果平时有帮孩子拍此类的生活照，可以拿出来让孩子排出自己的作息顺序。

此外，每天一早不妨让孩子自己撕下昨天的日历纸，并念出新日期及星期几，如“今天是1月10日星期一”，然后开始一天的活动。到了晚上，一家人吃晚餐或闲聊时，还可以回顾一天发生的事情，孩子若喜欢涂涂抹抹，则可以和孩子一起做一本日志画册，以便孩子把自己的一天画下来，然后标上日期，帮助孩子具体地察觉每件事都会用掉一天中的一些时间。

体验时间因素与人、事、物改变的关系

日复一日的生活，很容易使人忽略时间在人、事、物上的改变，此时，可通过一些具体的事例，让孩子观察及思考时间的存在。

（一）观察并记录动植物的成长

种绿豆、养蝌蚪等都是帮助孩子了解动植物成长过程的活动。鼓励孩子在观察的同时，也画下每天所见，做成小绿豆或小蝌蚪的“生长列车”，这不仅是一项科学记录，也是一种时间线

的具体表现。

（二）整理并观看自己从小到大的生活照

当孩子看着自己是怎么学会坐、学会走、学会吃饭，直至成为现在的自己时，虽不像上述一天天的记录那么鲜活，但只要父母从旁引导，例如：“你看！这是你一岁的时候，你在做什么？”也可以帮助孩子意识到自己的成长与时间的关系。

（三）计时游戏

当进行一些拼图、排序或猜谜游戏时，可利用沙漏或定时器计时，让孩子直接感受时间的流逝与事件的始末关系。

认识钟面数字、长短针的意义

如果时钟的作用是在告知此时此刻的时间，在电子表普及的今天，是否要在孩子才稍懂数字的意义就急着把 1 小时有 60 分钟、1 分钟有 60 秒这些在一般时钟上并不明显的信息教给孩子呢？关于此点，家长可以自行斟酌。我们建议家长先让孩子认识钟面，但若只是观看钟面上的时间，有时显得枯燥乏味，所以不妨利用纸盘或其他材料，协助孩子一起制作“时钟”，如此一来，钟面上 1 至 12 的阿拉伯数字、长短针等代表的概念，都可以在制作的过程中学习。

从孩子的制作过程与成品的情形，如数字、长短针位置的正确与否，可以看出孩子对时钟了解多少；等到制作完成以后，再教导孩子时钟的计时作用，向孩子说明长短针所代表的时间。例如：长针指到 6，表示已经 30 分；甚至可以更进一步教导孩子，几点几分时，时钟长短针的位置应该在哪里。

总之，孩子是通过对具体事物的观察，才逐渐感受时间的存在。他们先发现天亮、天黑，才慢慢了解早上 6 点钟与下午 6 点钟的意义。不过，知道时序与几点几分仍是时间概念的表层，了解时间对于自己及同处于一个时空的群体的意义，并能尊重与善用。

主题故事 硬硬国和软软国

生活中的软与硬

我们每天的生活中会接触很多物品，但我们却很少深入思考，物品为何会有不同的特性。例如，为什么物品会软硬不同？它们被这样设计的原因是什么？再想想看，有哪些东西是软的、哪些是硬的呢？所谓“软”和“硬”有绝对的分类标准吗？抑或只是一种相对概念呢？如果硬的东西做成软的、软的做成硬的，那世界会变成什么样子呢？仔细思考这些问题，你会发现生活中的每一样东西，都有它存在的理由，你越用心观察，就会发现越多有趣的事情。

软、硬设计的道理何在？

软的东西带给我们的触感是舒服的，使用时不会造成伤害，如身上穿的衣服、裤子，睡觉要用的枕头、棉被，上厕所用的卫生纸等；硬的东西坚固、不易变形，可以保护我们不受伤害，如我们住的房子、开的车子、写字用的桌子等。但从另一方面来说，硬的东西触感较尖锐，不像软的东西给人舒服、安定的感觉，若使用不当，容易造成伤害；而软的东西一遇到较大的外力，就马上变形，无法支撑较重的东西。其实，这两种特性都各有优缺点，并没有绝对的好坏。另外，即使是同一类东西，人们也会针对使用地点及用途，而设计出不同软硬的性质。例如：木梯坚固好用，绳梯则柔软、方便携带；球鞋柔软舒适，登山鞋则需较硬、耐用等。

引导孩子感觉软和硬

孩子是凭着感官来认识外界事物的，所以他们需要各式各样的外界刺激，促进感官发展。而生活中有很多东西，在适当的刺激下，可以促进孩子感官的发展。建议父母可以带领孩子一起用眼观察、用手触摸，真正感觉一下软、硬的不同，如引导孩子观察食物冰冻前后软硬度的不同，熟透的杧果、猕猴桃等水果与新鲜购买，还没有成熟的水果的软硬度的不同，轮胎打气前后软硬度的不同等。父母甚至还可以和孩子玩动脑游戏，例如：想出有哪些东西在某种情况下是软的，在另一种情况下则是硬的；或每个人轮流说一样东西，必须比前一个人说的那个东西硬或是软；又或是比赛谁先想出 10 样硬或软的东西。相信在父母的引导下，孩子会成为敏锐的生活观察和思考者。

自然博物馆 蓝鲸

鲸属于哺乳动物，它们可分为两大类：须鲸类和齿鲸类。两者间最大的区别在于它们的牙齿：须鲸没有牙齿，取而代之的便是“鲸须”，功用就像滤网一样，当须鲸进食时，它们是先用庞大的嘴捞满海水，然后闭口将海水排出，以鲸须筛滤其中的浮游生物；而齿鲸类的牙齿又尖又硬，主要以鱼类和其他海洋生物为食物，它们是利用尖利的牙齿先咬住猎物，再将其一口吞入。

大部分须鲸都有长距离的季节洄游行为，每到夏季，它们会前往北极、南极附近的高纬度海域去觅食，因为此时高纬度海域有大量的浮游生物，可供其摄食；而冬季时，它们会回到中、低纬度海域来繁殖后代。

一般大型鲸的怀孕期是 10 个月左右，通常一胎可产下一头幼鲸。刚生下的幼鲸需靠母乳喂养半年或一年后，才会自己觅食。

主题故事 一起来做运动

在演化的过程中，动物们为了适应不同的生活环境，有了不同的演化方向，因此，每种动物的身体结构都不一样。为了让孩子了解各种动物身体结构的特征，“小牛顿”的编辑团队策划了《一起来做运动》这个主题故事，让小朋友在学习动物做运动的过程中，感受到人的身体结构和其他动物的不同之处。有一些动作，动物做起来很容易，人类做起来就不轻松了，这就是身体结构不同导致的。在这里提醒您，和孩子一起学动物做运动的时候，若有些动作太困难、不容易模仿，如模仿长颈鹿踮着脚走路、模仿骆驼的坐姿等，就不要太过强求孩子，只要孩子能够了解这些动作，是人类不容易做的就可以了。至于一些能轻松做到的动作，如模仿企鹅走路、学海豹爬行、学斑马踢腿，就很适合在家与孩子一起玩。当然，最重要的还是安全，所以运动前，先把碍事的家具挪到一旁，或选择在空房间内进行，以免因为撞到东西而受伤。

前面提及，动物们为了适应生活环境，身体结构也都各不相同。如企鹅依靠有力的鳍状前肢，配以流线型的身体，可以在水中飞速前行，但这种体形在陆地上就显得有些笨拙，也不太容易保持平衡，所以走起路来摇摇摆摆，速度很慢。为了让孩子对企鹅身体的特征有更深的印象，请纠正孩子模仿时的姿势。当孩子模仿企鹅走路时，双手要紧靠身体，大腿并拢，只用小腿向前移动。等到孩子感受到身体不平衡、走路不方便时，再让孩子伸出双手，找回平衡的感觉。对比之下，孩子就能明显感受到区别了。

海豹为了适应水中的环境，和企鹅有着类似的圆滚滚的身材，四肢都是鳍状，方便在海里

游泳。孩子学海豹走路时，可以绑住双脚，用手撑着移动，这样就能感受到身体结构的不同对活动造成的影响。

长颈鹿走路的方式很特别，它是用脚尖走路。可以让孩子仔细观察书中的解剖图，对比长颈鹿的四肢和人的四肢有什么区别。长颈鹿用脚尖走路，是为了遇到危险时可以快速逃跑。孩子可以试着跑几步，想一想，自己快跑的时候，是脚跟着地，还是脚尖着地呢？其实，不仅长颈鹿用脚尖走路，其他有蹄动物也是如此，如斑马、骆驼等，这种身体结构上的特点，虽然不容易发现，但只要经由提醒，孩子就能注意到。还有，长颈鹿走路时，是同一侧的前脚和后脚同时移动，和大部分动物走路的样子不同，家长也可以提醒孩子注意观察。长颈鹿的长腿虽然可以帮它看得远、跑得快，却使它坐、卧、喝水都不方便，可以说有利也有弊。

学习斑马踢后腿时，注意不要只用脚尖，免得受伤。让孩子比比看，斑马踢后腿的样子和我们有哪些不一样呢？斑马踢后腿的目的是保护自己，它们通常是群体生活，遇到敌人时，会头朝内聚在一起，朝外踢后腿。它的蹄子强而有力，即使是凶猛的狮子，遇到斑马踢后腿时，也不得不躲避，以免受伤。

狮子捕食时，会先压低身子隐藏在草丛中，并靠着脚下肉垫的帮助，尽可能降低走路的声音，让猎物无法察觉，最后再借着身体展开时的爆发力，猛力地抓住猎物。袋鼠跳跃时身体先弯曲，再用腿蹬开，产生弹力，因此可以跳得远。当孩子模仿后，可以请孩子说说看，这两种运用身体弹力的运动，所需要的身体部位是否一样呢？是腿、腰、背，还是手，或是全部都有？然后再告诉他们，那是身体里的骨头和肌肉产生的力量。

树懒吊单杠、熊和狗抓痒，还有动物睡觉、休息的姿势，有些和人类很像，有些则完全不一样。请孩子比较一下，树懒吊在树上的模样，和我们吊在单杠上相同吗？孩子可以吊多久呢？另外，请孩子试着用手抓背，也试着学狗和熊抓背，看看哪一种方法更轻松？当然，爸爸妈妈帮忙抓背一定最轻松，孩子享受以后也要记得帮爸爸妈妈捶捶背哦！

骆驼的坐姿人类无法学习，因为它的脚关节向内弯曲的方式和人不一样；而熊坐下的方式和人一样，只要摊开四肢坐下就可以了。可以请孩子想想看其他动物的坐姿，哪些动物和我们很像，哪些动物不一样？最好举常见的动物为例子，孩子才容易判断。另外，请孩子看看书上的图，说一说动物是怎么睡觉的，也比较一下自己的睡姿和什么动物最像。

通过模仿动物运动，不但可以让孩子从另一个角度认识动物，也能培养他们勤观察、多比较的好习惯，好处相当多。当天气不佳，不方便出外踏青时，不妨利用家里的小小空间做运动，也能获得不少乐趣哦！

认识光和声音

光和声音就像空气一样，存在于我们生活中的方方面面。那么，光和声音是从哪里来的？为什么我们的眼睛可以看到光，耳朵可以听到声音？这些有趣的问题，都是值得探索的。

要让孩子认识光和声音，最快的方法就是让他们感受一下光和声音的存在。首先，可以让他们闭上眼睛或在夜晚关闭灯光，感受一下没有光的世界，体会一下盲人生活的不便。在安全的前提下，让他们感受在黑暗中拿取物品、行走等需要面临的困难。再让他们捂紧耳朵，感受周遭环境的变化；或是打开电视，但把声音关掉，让他们体会静音下看视频的感受——没有声音只有影像的动画会变得无趣；如果在马路上听不到声音，就会感受不到车辆靠近，也会听不到鸣笛，容易出危险。经由这些方法，孩子可以感受到光和声音的重要性，及它们在生活中扮演的角色。

而光和声音的来源，大致可分为自然或人为两种。您不妨在一旁指引孩子，让他们分辨一下这些光源或声源属于哪一种。我们以光为例子，看到灯泡亮起，可以问问孩子它为什么会亮，是人为原因，有电流通过才会亮，还是自然产生的光亮？再以声音为例子，请孩子听一听生活中的各种声音，包括自然的风声、雨声、鸟叫声，或是人为的车声、电视声、乐器声等，让孩子分辨。不过，刚开始孩子不一定能准确分辨出来，此时父母的引导就相当重要，建议可以借由问问题的方式来提示孩子，有了提示，孩子就比较容易找到答案。

声音的产生来自物体的振动，不过，这种抽象的科学知识孩子是无法理解的，父母不妨和孩子一起做个小实验，让孩子感受物体的“振动”。例如：讲话时，可以请孩子摸一摸喉咙，感受声带的振动；或是拿两把金属汤勺互相敲击，让手感受一下汤勺的振动。

光传播的速度比声音快得多，生活中最直接的例子就是打雷和放烟花。声音在零摄氏度的温度下，一秒内只能传播331米，而光在真空下，传播的速度是约 3×10^8 米 / 秒。不过，孩子年纪尚小，无法从数字了解两者速度的差异，建议父母可以在纸上画出两条线，说明当光和声音从同一点出发时，声音才跑了1厘米，光就已经跑出纸的边缘，跑到房子外面好远好远的地方了，如此一来，即使没有说出数字，孩子也能大概感受到光速和声速的巨大差距。